科学全知道系列

生态系统
到底是什么呢

[韩]金成花　[韩]权秀珍◎著

[韩]赵在益◎绘

千太阳◎译

吉林科学技术出版社

好棒啊！我们是
生态系统的一部分

　　有一位生态学家曾拜托人们这么一件事，让大家观察一下每天摆在他们饭桌上的食物中，有多少是来自自然界的。他对人类能吃多少种自然界生物感到很好奇。你一定想象不到，我们人类足足能吃五千多种生物。小朋友们也做一个表，记录一下自己一周之内所吃的食物，那么你就能知道自己吃了多少种生物。

　　这位生态学家又调查了有多少种生物会以人类为食。他调查的生物里面，既有可以把人类活活吞下去的生物，也有像蚊子一样吸一点点血就逃之夭夭的生物。这个调查得出有近万种生物以人类为食的惊人结果。虽然我们人类作为万物之尊存在的时间很长，但是现在仍然有这么多以人类为食的生物存在。

2

　　生物为了在复杂的生态系统中生存，各自有各自的生存办法。我希望小朋友们通过阅读这本书能够认识到，生态系统中不仅存在以消灭对方为生的生物，同样也有相互合作、共同生存的生物。生态系统中生存的各种生物与我们息息相关，不要忘记自己也是生态系统的一部分。

目录

因为不同才能共同生活

相互帮助的食物链

雄狮子的烦恼

雄狮子潇洒地甩了甩鬣毛，它的性情喜怒无常，每当把刚捕获来的猎物吃掉后心情就会很好，而捕不到猎物的时候心情就会很差。

现在正是雄狮子心情好的时候。因为它刚吃完一只很大的鹿，肚子很饱。对面的水洼边，鹿、长颈鹿还有水牛正在吃草。

"身为狮子真是幸福啊。瞧那些动物，不知道什么时候就会被吃掉，还啃着那些不好吃的草！"雄狮子现在心情非常愉快。它对自己是强壮的狮子感到十分骄傲。

但是几天以后，雄狮子突然变得很不满意自己是只狮子。它觉得拖着庞大的身躯去捕猎不是一件容易的事。这时，雄狮子的肚子响起了咕咕声，它从睡梦中饿醒了，前几天还在对面吃草的鹿和长颈鹿早已经不见

了，它们为了寻找新的草原，离开了这里。

三四天过去了，雄狮子连猎物的影子也没见着。它的心情变得非常低落，它饿极了。

终于，雄狮子找到了一头迷路的水牛。它流着口水，悄悄地向水牛走去。但是偏偏就在这时候吹来一阵风，水牛闻到了狮子的气味，立刻吓得逃之夭夭。

雄狮子拼尽全力追赶，就在要咬住水牛屁股的瞬间，体力透支的雄狮子扑通一声倒在了地上。

饥饿的雄狮子只好慢悠悠地走到母狮子旁边。母狮子刚抓来了一只野狗，正准备喂自己的孩子。母狮子也是好几天才抓到了一只猎物。

雄狮子饿得实在没办法了，将野狗一把抢过来，转身就跑。它大口大口地吃着自己抢来的肉。

　　雄狮子吃饱后心情又变得好了起来。它还美滋滋地唱起歌来。

　　"啦啦啦！我是世界上力气最大的狮子。世上没有能吃狮子的生物。那些不知道什么时候就会变成狮子晚餐的水牛、长颈鹿还有兔子真可怜。啦啦啦！我是强大的狮子。"

运转地球的食物链

食草动物以植物为食，而自己有一天也会成为食肉动物的食物。狮子、老虎、猎豹、狐狸、大灰狼都是以捕猎为生的食肉动物。松鼠、兔子、长颈鹿、牛、驴

子、马、大象、河马、犀牛是食草动物。大型食肉动物以一些小型食肉动物、食草动物为食，而食草动物以植物为食。各种生物在吃与被吃的过程中生存下去。像这样生物之间发生的吃与被吃的关系叫作食物链。食物链相互交错联结，形成食物网。

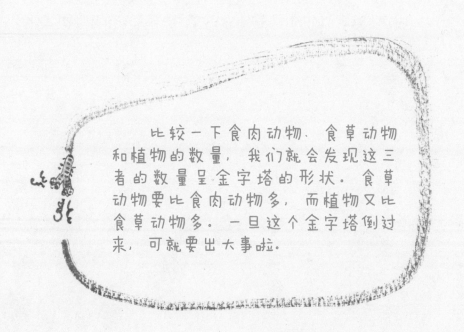

比较一下食肉动物、食草动物和植物的数量，我们就会发现这三者的数量呈金字塔的形状。食草动物要比食肉动物多，而植物又比食草动物多。一旦这个金字塔倒过来，可就要出大事啦。

食草动物吃什么

兔子是食草动物。

食草动物以植物为食，不用像狮子、老虎那样辛辛苦苦去捕猎，我们平时见到的那些食草动物，比如羊啊、马啊、牛啊，它们一天中的大部分时间都在吃草。

那它们其余的时间干什么呢？接下来它们就要消化食物了。

因为草很难消化，食草动物会采取反刍的方法来消化食物。羚羊、鹿、野牛、獐子、斑马、山羊等吃完草之后，会反刍很长时间。食草动物主要吃树叶、树干或草等食物。一般植物细胞含有纤维等，胃里分泌的消化液很难分解纤维素。所以，食草动物会依靠胃和肠子里的可以粉碎纤维素的强大助手——细菌来分解纤维素。

　　食草动物依靠细菌的帮助分解食物中的纤维素，同时，细菌可以在食草动物的胃和肠子里吸收自身需要的营养。以前我们一提起细菌，就会觉得它们是危险的坏东西，其实不完全是，有时候，它们也能起到好的作用呢。细菌是食草动物不能缺少的好帮手。

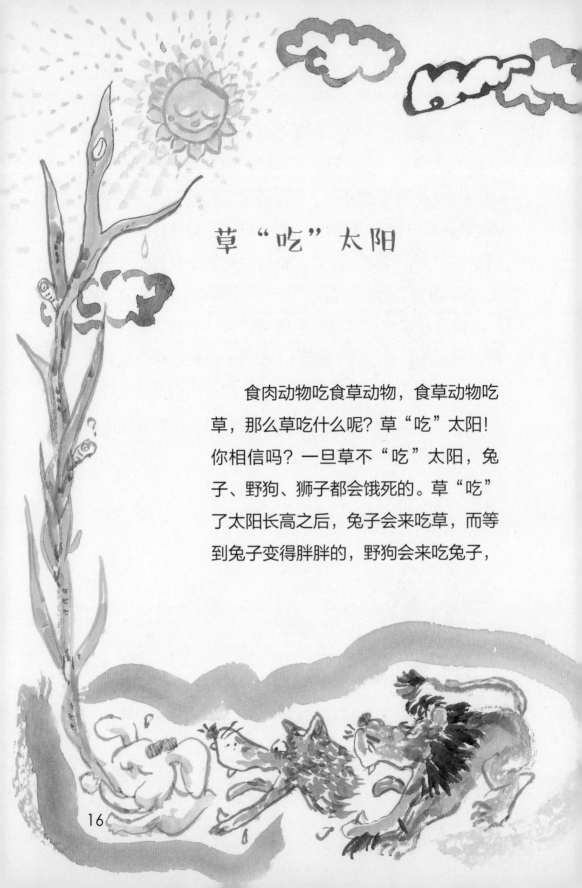

草"吃"太阳

食肉动物吃食草动物，食草动物吃草，那么草吃什么呢？草"吃"太阳！你相信吗？一旦草不"吃"太阳，兔子、野狗、狮子都会饿死的。草"吃"了太阳长高之后，兔子会来吃草，而等到兔子变得胖胖的，野狗会来吃兔子，野狗变肥了，狮子也会马上来吃掉它。

草安安静静地在土里生长着，也会一点点地"吃"太阳。那么草是怎么"吃"太阳的呢？

胡萝卜的厨房

这里是胡萝卜的厨房，胡萝卜的厨房是绿色的细胞，在胡萝卜的叶子里有很多这样的细胞。要想了解胡萝卜的厨房，先要在字典里找一个叫作"叶绿体"的词语。以前人们用显微镜观察一片叶子，发现叶子里有很多绿色的小颗粒聚在一起，人们把那些小颗粒命名为"叶绿体"。

胡萝卜在叶绿体厨房里利用阳光做料理，再放入一点水、少许空气。这种利用阳光、水还有空气做料理的过程叫作光合作用。

植物最喜欢的气体是二氧化碳。植物利用阳光，再加上水和二氧化碳做成营养丰富的食物和氧气。植物吃饱了以后，氧气就被释放出来了。释放出来的氧气被动物吸收。植物为了呼吸也吸收氧气，但是植物释放出来的氧气比它本身吸收的氧气要多很多。要不是植物用阳光、水还有空气做成料理，从而制造养分、释放氧气，动物就会因为没有氧气而憋死，也会因为没有食物而饿

死。因此，植物在食物链中被称为生产者。生产者不仅供给自身的营养，也为其他生物提供成长所必需的物质和能量。

植物制造养分和干净的氧气，让动物自由自在地生存，而这宝贵的养分仅仅是用水、空气和阳光做出来的。你们说，植物是不是很了不起呀？

太 阳

食肉动物吃食草动物，食草动物吃草，草"吃"太阳，那么太阳吃什么呢？太阳不吃东西，太阳本身就是一个很大的能量块。

太阳是以很高的温度燃烧着的恒星。太阳会释放出巨大能

太阳吃什么呢？太阳不吃东西，
太阳本身就是一个能量块。

量——太阳能，植物利用太阳能制造养分的过程，就是光合作用。食草动物通过吃植物吸收太阳能，食肉动物通过吃食草动物也吸收到了太阳能。我们人类从植物和动物身上都能吸取到太阳能。就这样，所有的生物都靠太阳能为生。我们每天吃饭、吃肉，实际上都是在吸收藏在食物里面的太阳能。

吃掉雄狮子的霉和细菌

雄狮子老了，它没有力气出去捕猎，也没有力气去抢母狮子捕获的猎物了。曾经不可一世的雄狮子就这样死了。

雄狮子死后，一群鬣狗慢慢悠悠地走过来吃它的肉。才吃了几口，鬣狗就走了。因为老狮子的肉太硬了，很不好吃。

之后乌鸦和秃鹫飞过来吃雄狮子的肉。乌鸦和秃鹫吃剩的部分被蚂蚁、蟑螂等昆虫分食。这些昆虫吃剩下的部分又被真菌和细菌吃得干干净净。

雄狮子消失了。

真菌和细菌把雄狮子全都吃光了。

不久后在雄狮子死去的地方，长出了许多大大的蘑菇。原来是充分吸收养分的真菌，变成了蘑菇。

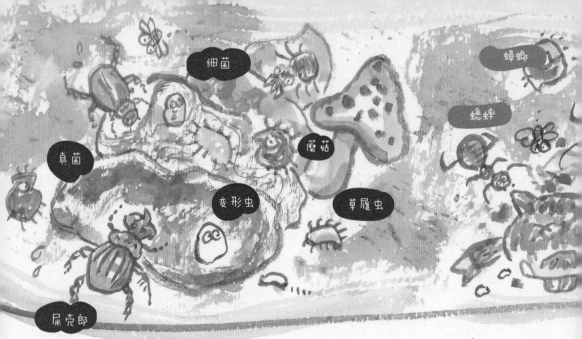

细菌 蟑螂 蟋蟀 真菌 蘑菇 变形虫 草履虫 屎克郎

我们吃动物的排泄物和动植物尸体。

　　地球上之所以没有堆满动物的尸体，就是因为有真菌和细菌的存在。

分解者的故事

　　食肉动物吃食草动物，食草动物吃植物，植物"吃"阳光，而真菌和细菌什么都吃。它们吃活着的生物，吃排泄物，吃尸体，等等。

　　像真菌和细菌那样以吃动物的排泄物、动植物的尸

24

衣鱼

红斑葬甲

蜗牛

蚯蚓

体为生的生物叫作分解者。

　　地球上有很多靠吃动物排泄物和动植物尸体为生的生物。屎壳郎、变形虫、草履虫、蚂蚁、蟋蟀、蟑螂、真菌、细菌等都会吃一些动物的排泄物和动植物尸体。

　　幸亏有它们，要不然地球上那些动物排泄物和动植物尸体该怎么处理呢？

25

排泄物会去哪儿呢

　　啪啪！一只大母牛把牛粪拉在了地上。过了一会儿，不知从哪里爬过来一大群屎壳郎。它们为了抢夺牛粪，你争我夺地打起架来。

　　"让开，这是我的牛粪。"

　　屎壳郎们乱成一团，它们慌乱地爬上粪堆又忙着往

屎壳郎把粪便滚成圆圆的形状，然后在里面产卵。出生在粪便中的小屎壳郎就吃着其他动物的粪便长大。因为有这种虫子，粪便才会消失。

里钻。最后，每只屎壳郎都从粪堆中抢到了一些颗粒。屎壳郎把这些颗粒做成滚圆的牛粪团，然后又咕噜咕噜地滚动这些牛粪团，不知道它们要把牛粪团运到哪里去。

啊！出现了一个大陡坡！这可难不倒屎壳郎！它们用后腿把牛粪团使劲往上推。屎壳郎一旦发现了自己喜欢的地方，就会在地上挖个洞把牛粪团放进去，然后用土把洞盖好。这牛粪团足够一只屎壳郎吃整整一天呢。

生态系统
到底是什么

阳光每天带给地球新的能量，植物吸收水、空气、阳光生长，生长的植物会被动物吃掉，动物又会被另外的生物吃掉，这些生物死了以后又会被真菌和细菌吃掉。真菌和细菌把吃进去的食物分解变成无机物和二氧化碳，让它们重新回到大自然。

生物生长、繁育和活动过程中不断向周围的环境释放和排泄各种物质，死后再回到大自然。生态系统不停地循环反复、充满生机。

在生态系统里不仅有植物、动物、真菌和细菌，而且太阳、水、空气和土等非生物也是生态系统的重要组成部分。生态系统需要生物，也同样需要非生物。植物和细菌是连接着生物和非生物的桥梁。植物把太阳能送

28

植物（生产者）　　　食草动物（初级消费者）

食肉动物（次级消费者）

细菌·真菌·小虫子（分解者）

　　生活在地底下的小虫子吃一些动物的排泄物和动植物尸体，把它们嚼得很细碎。细菌和真菌把它们转换成可以让植物吸收的二氧化碳、水和氮等。

入动物体内，细菌把动植物的尸体分解，重新送回土地。那些物质又会再次成为植物的养分。水、空气、阳光、土壤、植物、动物、真菌和细菌，其中一个出现问

细菌   大鱼

题的话，整个食物链就会受到影响。人类不断污染空气、破坏森林、污染水源，致使现存的动植物一个个灭绝，这都是破坏生态系统的残忍行为。

大海里的生态系统也是循环的。通过浮游植物、浮游动物、鱼、细菌等不断地循环。

小鱼　　　　　　　　　　　浮游生物

生态系统

的故事

活着的地球

"地球是活着的！"科学家们这样形容地球。

地球不仅仅是由石头、空气、水、植物和动物等组成的行星，更是一切生物、非生物都紧密联系、互相影响的"活着的行星"。就像组成我们身体的各个器官一样协同发挥功能，缺一不可，构成地球的全体成员也都各自辛勤地做着自己该做的事，让地球存活下去。植物、食草动物、食肉动物、真菌、细菌、水、空气和土壤等都自觉地手拉手，驱动着生态系统运转。但是时间长了，地球也会生病，身体上也会出现伤口。雷暴降临，引发大的山火，把森林都烧毁了；火山爆发让整个岛变成了平地……不过

不用担心，地球也会自我疗伤。自然灾害造成的破坏再大，植物、动物、真菌、细菌、水、空气和土壤等通过长时间的密切合作，又会重新构建新的生态环境。

火山爆发了

　　印度尼西亚有一个美丽的小岛，叫喀拉喀托。在岛上，热带树木、草、花儿、昆虫、蜥蜴、蝙蝠、鸟儿和猴子等都快乐地生活着。

　　在喀拉喀托岛上有三座火山，大概在一百多年前的一个夏日，喀拉喀托岛发生了一次大灾难。起初，连续几个月从火山口喷出浓烟。附近的居民看到这场景，都没有过多在意，1883年8月27日星期一的早晨，火山终于爆发了。

　　"轰隆隆，咣咣咣！"

火山连续地喷发。在上午十点的时候爆发到了极点。蘑菇般的云笼罩着天空，爆炸声震耳欲聋。火山爆发的力量推动海水造成海啸，住在邻近岛屿的约四万人都因此丧生了。

火山爆发结束后，喀拉喀托岛只剩下了三分之一的面积。连续几个月，熔岩不断地往下流，而喷出来的火山灰就像雨水一样从天而降。喀拉喀托岛变成了一个没有生命的黑糊糊的岛。人们把这个岛称为"死岛"。因为人们觉得不可能再有生物能活在这个岛上。

39

就这样过了一年的时间。

当人们渐渐忘记了发生在喀拉喀托岛上的灾难时，探险家和生物学家登上了这座岛进行探测。这时，岛上忽然有块石头带着灰尘滚下悬崖。

"咚咚咚，咚……咚……"

在寂静的小岛上，石头滚落的声音显得格外清晰。探险家和生物学家仔细检查，没有发现生命的痕迹。突然，生物学家发现有什么东西在移动。哇！原来是只蜘蛛！那只奇怪的蜘蛛独自在变成废墟的火山岛上织着蜘蛛网。

三年后，喀拉喀托岛上长出了嫩绿的植物。沿着海边长出了苔藓。岛的中部也长出了厚藤、棕榈树和甘蔗等。

十五年后，喀拉喀托岛出现了一小片丛林。蕨菜、苔藓、棕榈树、野生甘蔗都茁壮成长着。植物的叶子落在地上，而细菌分解这些落叶，让土地变得更加肥沃。在这片肥沃的土地上慢慢聚集起了蚂蚁，随着蚂蚁的聚

集，以吃蚂蚁为生的蝎子也搬过来居住。跳虫、蟋蟀、蠼螋和步行虫闻声而来，蝴蝶、蝉和蜜蜂也飞到了喀拉喀托岛。由于蝴蝶和蜜蜂帮助传播花粉，开花的植物也变得繁茂起来，不断开花结果。

昆虫、种子和果实渐渐增多，靠吃这些东西为生的褐家鼠也搬到了小岛上。这时，远处的鸟儿都飞来了。巨蜥和网纹巨蛇也游到了喀拉喀托岛。

　　此后又经过三十六年的时间，喀拉喀托岛的海边终于开始长出树木了。高高低低的树组合在一起，形成了一片森林，喀拉喀托岛又恢复了生机勃勃的景象。

恢复生态系统的滩涂

44

滩涂是世界上最为神秘的土壤，由于月球和太阳的作用，出现了涨潮和退潮的现象。而正因为涨潮和退潮，海边堆积了很多沙子和泥，经过很长的时间，最终形成了滩涂。

　　但是最近，据传闻说有些人要破坏这片滩涂，他们要把滩涂给填平，在上面建造农场、飞机场和工厂。

　　哼，这怎么可以，农场、飞机场和工厂可以在别处建造。怎么能破坏自然呢？而且，在滩涂上生活着很多动植物，像芦苇、香蒲、碱蓬、浒苔、紫菜、盐角草、海螺、鹬、鸻、沙蚕、厚蟹、沙蟹、虾、海星、海胆、

海参、海鞘、蚝等。他们真的忍心把这些生物全部杀死，在这建工厂吗？一旦破坏了滩涂，生态系统就会被破坏。滩涂能净化从陆地流进大海的水，还能够抵挡洪水和台风。在滩涂中生活的植物是净化过程的第一道防线。然后，海螺、沙蚕等会吃掉水中的那些营养碎末。因此陆地的水才能被净化，之后再流到大海中去。

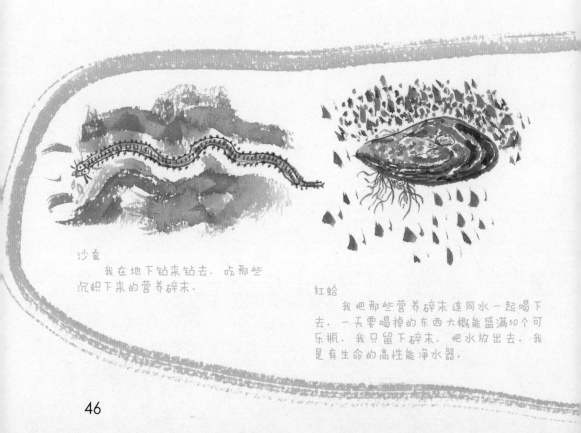

沙蚕
　　我在地下钻来钻去，吃那些沉积下来的营养碎末。

红蛤
　　我把那些营养碎末连同水一起喝下去。一天要喝掉的东西大概能盛满30个可乐瓶。我只留下碎末，把水放出去。我是有生命的高性能净水器。

这些生活在滩涂里的生物居然能够完成如此了不起的工作，要不是这些生物发挥"清洁工"的作用，大海里的水早在很久以前就被污染了。这都要归功于它们。自然界可以用自身的力量净化自己，真是太神奇了！

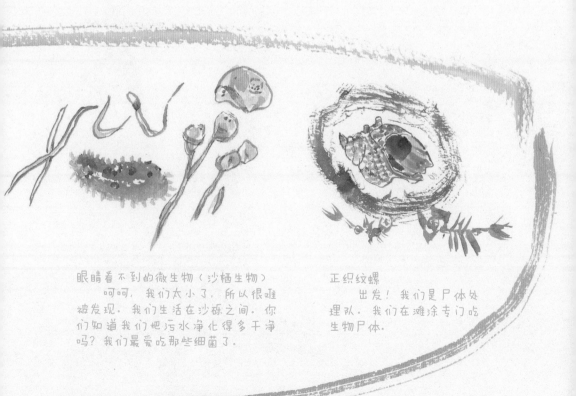

眼睛看不到的微生物（沙栖生物）
　　呵呵，我们太小了，所以很难被发现。我们生活在沙砾之间。你们知道我们把污水净化得多干净吗？我们最爱吃那些细菌了。

正织纹螺
　　出发！我们是尸体处理队。我们在滩涂专门吃生物尸体。

毁了滩涂建造工厂，真是得不偿失的举动。滩涂中的生物正无私地为我们净化海水，更何况没有了滩涂，那些生活在滩涂中的贝壳、蟹、虾、海参、浒苔、紫菜等该怎么办呢？

毁掉滩涂，建造工厂是得不偿失的。

48

大生态系统和小生态系统

自然界既有大生态系统也有小生态系统。地球是最大的生态系统。在地球这个大生态系统中，存在许多小生态系统，像森林生态系统、岛屿生态系统、滩涂生态系统、沙漠生态系统、海洋生态系统、池塘生态系统、河流生态系统等。

各个生态系统中的环境不同，生态系统中的动植物也不同。但是，各个生态系统之间相互影响。如果小生态系统运转不正常，就会影响地球这个大生态系统的运转。

想知道在小生态系统里正发生着什么事吗？让我们一起到河马生活的池塘去看一看吧。

准备，河马粪发射！

河马正在池塘里慢吞吞地走着。河马一整天都在外边吃草，现在才回来，好像是要做一件很重要的事。

想知道是什么事吗？哈哈哈哈哈！

"吭哧……咚咚！"

河马甩着尾巴到处撒着自己的粪便。河马的粪便瞬时污染了整个池塘，整个池塘的水都变成了黄色。排泄完以后河马还到处走动，把池塘搅得更脏了。

但是很奇怪，池塘里的生物不仅不讨厌河马，还都很感谢它，为什么呢？

河马是吃草的动物，由于河马不能完全地消化草，所以它的粪便里面有很多营养成分。河马把已经被嚼成小段的黏糊糊的草排出体外。蜗牛和鱼靠吃这些东西为生，鸟儿会来吃掉这些蜗牛和鱼，昆虫把这些漂在水面

上的粪便当作自己的家。河马一天要吃50千克的草，那么你想一想，它一天要排泄多少粪便呢？

　　河马不管是活着还是死后，都是池塘食物链中必不可少的重要动物。河马死后，乌龟会来吃掉它的尸体。乌龟在池边产完卵，便到别的地方去了。刚孵化出来的小乌龟背上会长出很多苔藓。乌龟一旦进入池子里，那些小鱼就会来吃这些苔藓。那些大鱼，又会来吃这些小鱼，鳄鱼又会来吃这些大鱼。而鳄鱼偶尔也会吃掉小河马。

啊！骸骨！

在非洲的森林里有一个很大的池塘，池塘的水很清澈。探险家们在这里发现了一个洞，这个洞一片漆黑。洞口很窄，里面像迷宫一样纵横交错。走过长长的"迷宫道路"，探险家们发现到处都堆着骨头！那是河马、鳄鱼还有乌龟的骨头。那些骨头因为已经存放了很长时间，所以一碰就碎。

以前在这池塘中也住着河马、鳄鱼和乌龟，但是现在它们都不住在这里了，只剩下清澈的池水。随着河马的消失，河马的粪便也不见了，所以这里的水变成了死

如果河马不把粪便排泄在水里，池塘会变成没有生物生存的死水。

水。最先吃河马粪的昆虫和小鱼不见了。接下来以吃那些小鱼为生的大鱼也不见了。吃河马尸体的乌龟也不再来了，而鳄鱼没有了食物，无法再生存下去。

河马粪便对于池塘生态系统来说是必不可少的。如果池塘会说话，它肯定会说这么一句话："求求你了，河马，请把你的粪便拉在这里吧！"

因为不同才能

共同生活

动物和植物各不相同的生存策略

　　地球上之所以能有这么多的生物共同生活，是因为它们各自喜欢的东西不同，而且生活方式也不同。虫子、蜂蜜、草、种子、果实、坚硬的树枝、新鲜的鱼、腐烂的肉、肮脏的粪、阳光和二氧化碳都是生物的食物。生物所吃的东西种类繁多、无奇不有。

　　生物各自的习性各不相同，所以才能在一起生活。假

56

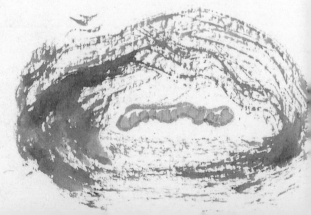

如它们都喜欢吃青蛙，都喜欢吃嫩嫩的鲜草，都喜欢在阳光充足的地方打滚，那么怎么可能生活在一起呢？肯定会有一场激烈的打斗，争个你死我活。

不是生物自己想要变得与众不同。很久很久以前，生物们为了生存，使出浑身解数。有的生物会搬到别的生物都不去的地方，有的生物会吃别的生物不吃的东西，有的生物会在别的生物都睡得很香的晚上出来找东西吃，有的生物采取群居的生活方式，有的生物为了逃命跑得更快了……为了生存，生物在不知不觉中拥有了各自的武器。

就这样过了很长的岁月，地球上出现了生存方式各异的生物，而这些生存方式成了区分生物最明显的标志。直到后来才发现，生存方式不同，恰恰就是最好的生存策略。

狮子和老虎打架谁会赢

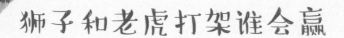

　　假如狮子和老虎打架，谁会赢呢？你要是问狮子的话，狮子会说自己会赢；问老虎的话，老虎也会说自己会赢，但是它们两个都说错了。

　　狮子和老虎从不打架！因为生活的地方不同，所以它们根本不会有见面的机会。狮子主要生活在热带

草原，而老虎主要生活在山地林间，他们离得实在太远了。但是很久以前，狮子和老虎生活的地方离得很近，那时候狮子和老虎的数量也比现在多得多，而且分布更广。

那么狮子和老虎会不会互相打架呢？会不会互相迷恋对方而结婚呢？绝对不会有这种事！狮子和老虎即使生活在同一个地方，也不会打架更不会结婚。因为狮子喜欢生活在一望无际的草原上，而老

虎喜欢生活在深山老林中。

　　狮子和老虎的生活方式也不同。狮子喜欢和家人、亲戚生活在一起，以群居的方式生活。强壮的雄狮子会带领母狮子和小狮子一同生活，而那些比较弱的雄狮子也会形成自己的群体。老虎就不一样了，老虎不喜欢和其他老虎待在一起。雄性老虎靠自己的尿液来标记领

地，一旦有其他老虎来侵犯，雄性老虎绝对不会轻易放过它。所以狮子和老虎不会遇到对方，偶然碰见了，也会因生活方式不同很快就分开。要是狮子和老虎喜欢同样的地方，吃着同样的食物，有着相同的生活习惯，它们就会互相竞争，两者中必然有一方会灭亡。

呼！狮子和老虎的生活方式不同真是万幸呀。

即使狮子和老虎生活在同一片区域，也不会有打斗的事情发生。因为狮子喜欢草原，老虎喜欢森林，他们很难遇到对方。

动物们的生活习性

　　树懒是个十足的慢性子。树懒一天要挂在树上睡整整十八个小时。到底是什么原因让树懒变得如此慢吞吞，如此懒惰，如此贪睡呢？

　　树懒以吃树叶为生。树懒生活的地方因为长年温暖，所以不用担心树叶会枯萎落光。不管到什么时候树懒都不会为填饱肚子而发愁。再加上树懒生活的地方太高，连美洲豹都很难爬上去，所以它一点儿也不用担心被其他动物吃掉。就这样经过了很长的时间，树懒变成了十足的慢性子。树懒一天只想两件事。"啊，肚子饿

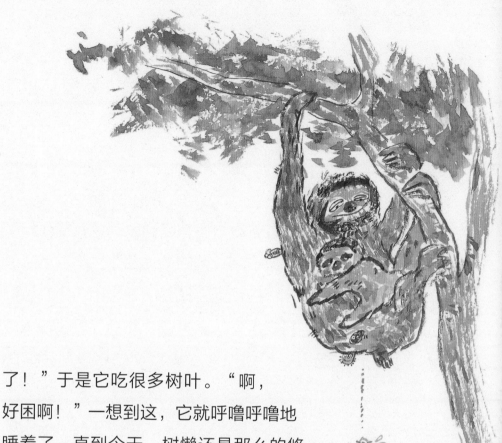

了！"于是它吃很多树叶。"啊，
好困啊！"一想到这，它就呼噜呼噜地
睡着了。直到今天，树懒还是那么的悠
闲、轻松。

　　在很久以前，有些动物为了寻找食物而爬到了树
上。这些动物有考拉、猴子、狐猴、猩猩和树懒。树上
不仅食物充足，而且比地面更加安全。同样是在树上生
活，猴子和树懒的生活习惯很不同。猴子们一般喜欢群
居，爱吵闹，有好奇心，灵活而且爱捣蛋，它们经常跳
来跳去，一刻也闲不住。

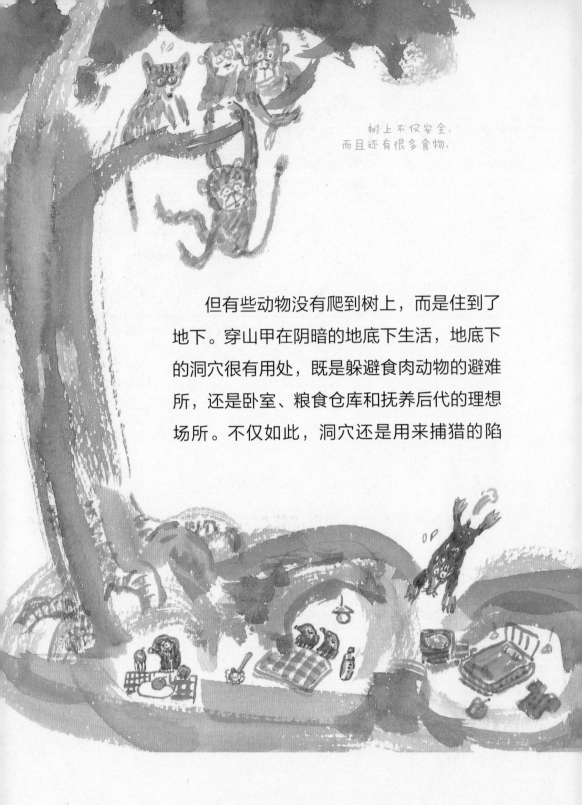

树上不仅安全，而且还有很多食物。

但有些动物没有爬到树上，而是住到了地下。穿山甲在阴暗的地底下生活，地底下的洞穴很有用处，既是躲避食肉动物的避难所，还是卧室、粮食仓库和抚养后代的理想场所。不仅如此，洞穴还是用来捕猎的陷阱。蚯蚓、蝼蛄、蝉的幼虫不知天高地厚，在地底下钻来钻去，有些时候会掉进穿山甲的洞穴里。洞被毁之前，穿山甲在洞穴里就是大王，这日子，真是够滋润的。

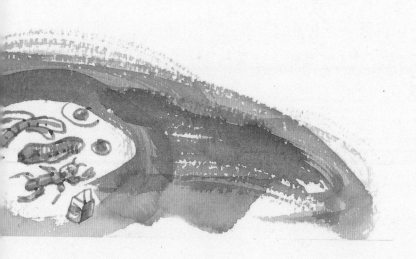

捕猎真痛苦

　　食肉动物是怎么活下去的呢？食肉动物为了不被饿死，使出了浑身解数。（相比之下，被食肉动物吃掉的那些食草动物虽然有被捕的危险，但是却罕有饿死的情况发生）连续几天没有进食的美洲豹和狮子的肚子都瘪得不行了，那样子真是可怜，让人怀疑它们是否还有力气捕猎。狮子、老虎、美洲豹、猎豹等猛兽在捕猎中，并不会每次都成功。即使抓到猎物，猎物也时常被比自己更凶狠的家伙抢走。因为不知道何时才能吃到肉，所以食肉动物只要有进食的机会，就会吃到肚子撑不下为止。

　　靠捕猎生存的食肉动物都有自己独特的武器。这包括灵敏的嗅觉、锋利的牙齿以及能让自己像箭一样奔跑的四肢。那些不像狮子一样有力、美洲豹一样快、鲨鱼一样有着锋利的牙齿、响尾蛇一样有着剧毒的毒牙的普通的食肉动物，比如说像鬣狗、貉和狼这些动物怎么办

鬣狗比狮子力气小，比金钱豹跑得慢，所以必须成群结队地捕猎。

呢？普通的食肉动物一般会组成一个群体一起去捕猎，或吃一些比自己小很多的动物。食肉动物从来不会凭自己的兴趣捕猎，它们是为了生存才捕猎。食草动物也深知这个道理。因此，斑马和长颈鹿从不怕吃饱了的狮子，它们在吃饱的狮子面前悠闲地走来走去。有时候食肉动物之间也会产生矛盾。狮子和狮子、狼和狼之间为了看谁的力气更大而相互比试，猎豹和金钱豹为了争夺地盘而互相打斗。猛兽之间的战斗一定非常可怕吧？不用担心，猛兽之间的战斗一般不会导致其中一方死亡。在相互对峙一段时间后，一般弱的一方会偷偷地把尾巴落下来，然后将脖子放到对方可怕的牙齿前。这样一

来，强者即使想攻击也不会再继续攻击下去，就像有一股无形的力量正在命令它说："这绝对不行！"但是偶尔也会发生弱小的美洲豹和猎豹的幼仔被强大的狮子咬死的事情，这是一种提前消灭自己领地上的未来竞争者的行为。

我们也是捕猎者

啊！是电鳗！
电鳗利用电把鱼电昏，
然后再吃下去。

比身体还要大的嘴
蛇的嘴因为上下是脱节的，所以可以吞下比自己大的食物。

蚁狮的陷阱
蚁狮在沙地上挖一个坑，悠闲地等待着猎物落到陷阱里。终于有一只蚂蚁掉进来了。蚂蚁为了要爬上去不停地挣扎。蚁狮会轻轻地撒一些沙子过去，蚂蚁一往上爬就会滑下来。等蚂蚁的力气消耗没了，蚁狮就会过去一口吃掉它。

舌头像箭一样飞过去
青蛙和蟾蜍的舌头不是贴在喉咙的后面，而是在口腔的前面，所以舌头能弹到很远的地方。

不能等着被吃掉

比石头还坚硬的盔甲

　　动物们为了保住自己的性命，想尽办法去防卫，有些动物是欺骗行家，有些动物会闪电般地消失在敌人面前，而有些动物会躲在安全的地方居住。但是比这些更有用的方法，就是拥有属于自己的独特武器。

恶心的味道

可怕的毒液

要是惹我的话，我就刺啦！

大家最喜欢哪种武器呢？

连老虎也吃不消的坚硬的角

长满尖刺的盔甲

黑黑的墨水炸弹

住在密林中的动物都知道不能被漂亮的青蛙所诱惑。普通的青蛙一般味道鲜美而且很容易消化，但是颜色鲜艳、长得漂亮的青蛙在滑溜溜的皮肤下面却藏着可怕的剧毒！拥有黄色、橙色、红色、紫色等鲜艳颜色的青蛙意味着告诉对方"我身上有可怕的剧毒！你们要是不怕死就吃了我吧。"但是即使拥有可怕的毒，也不愿意被吃掉呀。所以有毒的动物一般会展现出华丽的颜色，以此来警告别的生物自己的身上有剧毒。但是有一些没有毒的动物也装出有毒的样子，利用警戒色来迷惑敌人。

东方铃蟾是一种皮肤有毒的可怕动物，背上长满了很多凹凸不平的包，肚子表面有红黑相间的火焰图案。东方铃蟾一见到天敌便向敌人展现自己的肚子。狐狸、貉、蛇等生物都不会招惹东方铃蟾。

很多带毒的动物为了保护自己，它们晚上从不出来活动。在漆黑的夜里出来活动实在是一件很愚蠢的事，因为那些华丽的颜色一点都展现不出来。

在密林里见到青蛙，对于捕猎高手蟒来说是最高兴的事，但是它只捕猎普通的青蛙，颜色鲜艳的青蛙是绝不会吃的。

欺骗天敌

嘘！这可是个秘密。那些弱小而容易被吃掉的动物，为了生存会使出一些神奇的骗术。

蝴蝶就是个骗子，它的两个翅膀上都有炯炯有神的

大眼睛。当然这只是个图案，但是鸟儿们傻乎乎地经常被骗。它们一看到蝴蝶抖动自己的翅膀，就感觉它是一个凶狠的怪物，

经常让鸟儿们
受骗的蝴蝶

长得像树枝
的竹节虫

用炯炯有神的眼睛盯着自己一样。还有些动物装扮成可怕的毒蜂来吓唬敌人，尽管它们身上根本没有毒刺。貉

会装死，牛皮大王蟾蜍见到敌人时就把身体吹得鼓鼓的，蜥蜴遇见敌人时就会展开颈部伞状领圈。在动物世界里有很多骗术，但是那些弱小的动物最常用的招数就是模仿别的动物。这种招数就叫作拟态。动物们不仅会模仿比自己更凶狠的动物的模

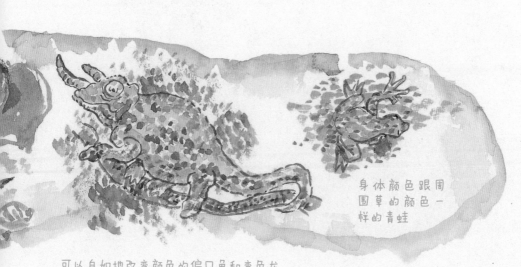

身体颜色跟周围草的颜色一样的青蛙

可以自如地改变颜色的偏口鱼和变色龙

样，也会伪装成不易被注意的枯萎的树叶的样子，或是把自己的体色变得跟周围的颜色很相似，以此来保护自己。像这样为了隐藏自己而使用的颜色叫作保护色。拥有保护色的动物当中最厉害的就是可以随时随地根据周围环境改变自己颜色的变色龙和偏口鱼。

玻璃蝴蝶的翅膀与蜂的翅膀一样透明，它们利用黄色和黑色条纹装成蜂的样子。当敌人靠近时它们就弯下腰，装出射毒针的样子，其实它根本就没有毒针，纯粹是吓唬敌人。

在一望无际的草原上
如何生存

　　今天是斑马妈妈生下小斑马的日子。斑马妈妈为了小斑马而躺在了草地上，这时周围来了很多强壮的雄斑马把斑马妈妈团团围住。那些雄斑马的头都朝向了斑马妈妈，这样一来在外边能看到的就只有雄斑马的屁股了。这时候要是狮子来袭击的话该怎么办呢？

　　果然，狮子屏住气息悄悄地接近斑马群。一步、一步……狮子猛地向斑马所在的地方冲去。它张开大嘴想要咬住斑马的屁股。但是就在这时，斑马用后腿使劲一蹬，正好踢在了狮子的脸上。狮子受伤了，只好不甘心地走了。

　　草原上很少有地方可以隐藏自己的身体。因此，生活在广阔草原上的动物大多是短跑健将。无论是斑马、羚羊还是鸵鸟，每小时都能跑八十千米以上。长颈鹿、斑马和羚羊早先是生活在森林里的。那时候它们的腿比现在短，身体也更小一些。但是自从它们转移到草原上生活以后，为了能跑得更快，它们的身体渐渐变大，腿也慢慢变长了，它们的脚掌也进化成适宜奔跑的形状。因为快速奔跑时长期使用脚尖，所以脚后跟慢慢消失，脚趾数量也渐渐减少，脚指甲变得越来越结实。

但是在草原上光跑得快还是远远不够的。如果狮子和猎豹拼了命地跑，也可以达到那种速度。而且金钱豹可以跑得更快。所以住在草原上的动物都成群结队地生

活着，群居比独居更加安全。你想一想，要是一百匹马同时生活在一起，那就会有两百只眼睛，两百只耳朵，一百个鼻子。这样庞大数目的眼睛、耳朵和鼻子一起监视，那些猛兽也不敢随便发起进攻。

82

这个问题回答起来很困难，就跟回答大象的鼻子为什么那么长一样难。

有一点很明确。

非洲大象因为体形庞大，所以不会被吃掉。

大象爸爸有七吨重，小象有一百千克重。

如果说只要身体大就容易生存，那为什么很多动物没有长得像大象这么大呢？

其实以前有很多庞大的食草动物。

比如猛犸、乳齿象等。

但是很久以前它们遭到人类的捕猎，已经灭绝了。

现在我们能看到的体形庞大的动物已经很少了。

83

兔子的鼻子着火了

森林里住着兔子母女俩。兔子妈妈一有空就会告诉小兔子什么东西可以吃，什么东西不可以吃："青菜既好吃又对身体有好处。但是千万不能吃荨麻，因为鼻子里会上火。"小兔子很好奇鼻子会不会真的着火。

有一天，小兔子出去玩，发现一群虫子正在荨麻上面嚼着叶子。假设你是那只调皮的小兔子，你觉得荨麻很好吃，但是妈妈又不让吃，你会怎么做呢？肯定还是好奇想尝尝吧？

调皮的小兔子也是这样做的。它把鼻子扎进了荨麻丛里。就在一瞬间，小兔子捂住鼻子跳了起来。鼻子肿得硬邦邦的，疼极了，就像有一团火在熊熊燃烧。原来荨麻里面有可怕的毒。

　　荨麻的叶子和树干上都长着细细的毛，这些毛都是毒针，所以听妈妈话的兔子是从不会吃荨麻的！鼻子触到荨麻的瞬间，就会被刺给扎到。兔子的鼻子很敏感，所以感到非常痛苦。

落在大象粪便上的种子

　　咚咚咚！草原上出现了象群。象群走过后，周围的洋槐树都变得面目全非了，树皮被剥掉了，叶子和树干都被扯落下来，连珍贵的种子都被吃掉了。但是从此刻开始，种子就开始了漫长的旅行。种子和树干等一起进了大象的肚子。树干和叶子将会在大象肚子里面被消化掉，但是种子却安然无恙！种子因为有坚硬的外皮包裹，即使受到强消化液和细菌的攻击也会毫发无损。大象为了找寻新的草原而不停地转移，因此洋槐树的种子也会被带到离洋槐树很远的地方。在这期间，种子通过弯曲的肠道终于和粪便一起排出了大象的体外。种子落下的地方土质非常肥沃，四处都是大象的粪便。种子在大象肚子里转了一圈，反而更加健壮。原来那些贴在种

子表面的幼虫早已被消化液消化得干干净净了。要是再下一场大雨，种子就会生根发芽，慢慢茁壮成长。等到幼苗长成洋槐树，那些大象又会回来觅食。不过被大象吃掉也没有关系，种子会被带到遥远的地方，而且其中有几颗种子在大象粪便的帮助下又会生根发芽。虽然洋槐树妈妈死了，但是那些幸存下来的种子会延续着下一代。植物虽然看起来会被动物吃掉，但是仔细想一想，

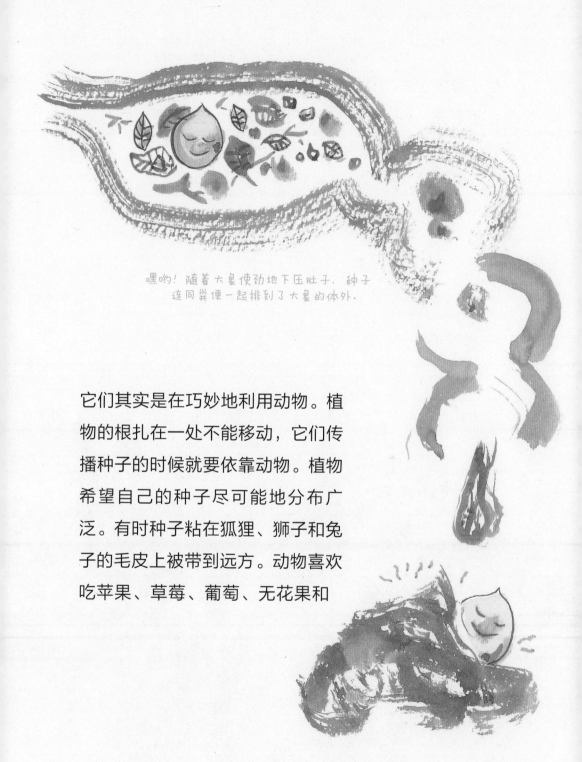

嘿哟！随着大象使劲地下压肚子，种子
连同粪便一起排到了大象的体外。

它们其实是在巧妙地利用动物。植
物的根扎在一处不能移动，它们传
播种子的时候就要依靠动物。植物
希望自己的种子尽可能地分布广
泛。有时种子粘在狐狸、狮子和兔
子的毛皮上被带到远方。动物喜欢
吃苹果、草莓、葡萄、无花果和

桃子等果实。动物在吃果实的过程中，不知不觉把种子
吞了下去。种子在动物肚子里跟粪便一起掉落在远方。
粪便会成为很好的肥料，帮助种子茁壮成长。

接着要是下一场大雨，种子就会生根发芽，然后茁壮成长。

花粉的传递过程中，植物依然在利用动物。最优秀的传递员就是像蜜蜂和蝴蝶这样的昆虫。

植物借助风把种子送到远方，或是让种子漂浮在大海或河水上面，以此来传播种子。

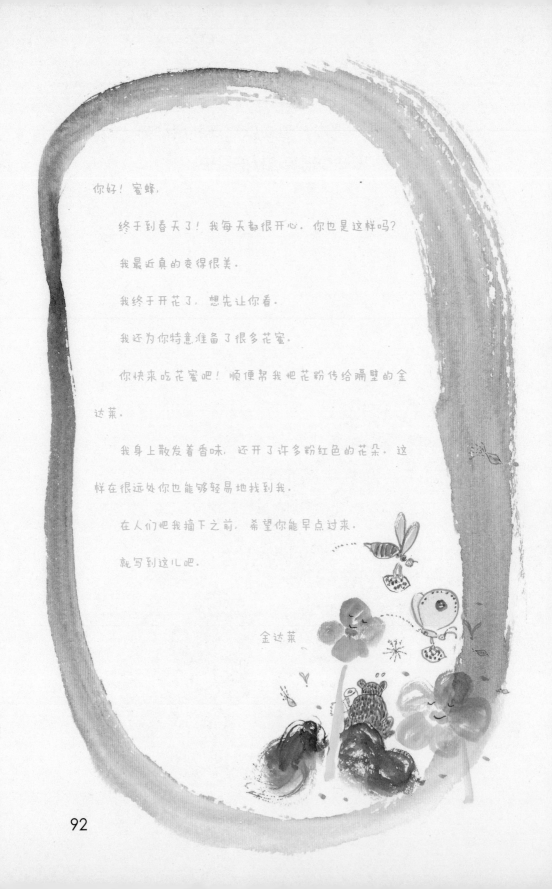

你好！蜜蜂，

终于到春天了！我每天都很开心。你也是这样吗？

我最近真的变得很美。

我终于开花了，想先让你看。

我还为你特意准备了很多花蜜。

你快来吃花蜜吧！顺便帮我把花粉传给隔壁的金
达莱。

我身上散发着香味，还开了许多粉红色的花朵。这
样在很远处你也能够轻易地找到我。

在人们把我摘下之前，希望你能早点过来。

就写到这儿吧。

金达莱

微生物传下来的秘密

现在让我来悄悄地告诉你维持生存的最高超的方法。为了维持生存而采取的最高超的方法就是互相帮助，凝聚各自的力量。

最先领会这一巧妙方法的是微生物。在很久很久以前，这世界上只存在用肉眼看不见的微生物，它们漂浮在大海上。最初它们都是各自生活的。但是有一天，独自生活的几个微生物身上发生了奇怪的事。它们不再吃掉对方，而是团结起来，互相帮助，共同生活着。它们发现，这样一来，就能完成比以前更多的事情。它们变得更大，移动得更快，力气也变得很大。这些生物后来进化成海虫和海蜇。

　　互相协同生活的情况也出现在我们的身体里。我们的身体是由很多小细胞构成的。因为我们体内的细胞互相配合，我们才可以思考、吃饭、走路还有呼吸。

　　生物的世界看起来就像是为生存而斗争的战场，但是互相帮助的情况比相互斗争的情况要多很多。许多生物各自承担任务，保护朋友，一起抚养后代，一起分享食物。

不仅相同种类之间互相帮助，在不同种类的生物之间也有相互帮助的事例。如花儿分给昆虫花蜜，而昆虫帮助这些花儿把花粉送到远方；鳄鸟吃着夹在鳄鱼牙缝里的残食，而鳄鱼的牙齿也因此得到清理；蚂蚁保护蘑菇、树木等不受别的昆虫侵害，以此来换取养分；珊瑚礁有很多缝隙，对于微小的海洋生物来说是很好的避难所；等等。像这样相互合作、共同生活的现象叫作共生。

协同合作的榜样——珊瑚王国的秘密

珊瑚王国从很久以前就开始形成了。它的历史到底有多悠久呢？比原始人、鲸鱼、恐龙出现的时间恐怕还要久远。经过了很长时间，珊瑚王国依然不停地繁衍生息。很久以前有些船员偶尔会从珊瑚王国偷一些珊瑚，但是人们却不知道这到底是什么东西，只是用珊瑚做成漂亮的项链，献给那些贵妇人。经过很长一段时间，科学家们终于找出了珊瑚王国的秘密。珊瑚原本住在大海，船员偷来的那些珊瑚枝是珊瑚的家。像树枝一样的家里有很多小小的洞，在那里面住着很多珊瑚虫。

现在给你们讲一讲那些神奇的珊瑚虫的故事吧。珊瑚虫是海洋中的一种腔肠动物，它以捕食海洋里微小的浮游生物为食，在生长过程中能吸收海水中的钙和二氧化碳，然后分泌出石灰质，变成自己生存的外壳。每一个单体的珊瑚虫只有米粒那么大，它们一群一群地聚居在一起，生长繁衍，同时不断地分泌出石灰质，并黏合在一起。这些石灰质经过石化，形成珊瑚礁。

　　珊瑚虫靠捕猎为生。珊瑚虫能够利用八个软绵绵的触须来抓一些小鱼吃。珊瑚虫虽然是单独捕猎，但是食物都是平均分配的。运气好的时候会得到很多食物，但是运气差的时候也有可能连一个猎物都抓不到。那些抓

珊瑚虫利用八个软乎乎的触须，抓一些很小的食物来吃。

到很多猎物的珊瑚虫绝对不会独自享用食物。珊瑚虫生活的洞里面有一条小路，它们就是通过这条小路来给其他珊瑚虫分配食物。珊瑚虫彼此之间都懂得相互帮助，只有这样才能更好地存活下去。

相互帮助的事情还有很多。不仅珊瑚虫彼此之间相互帮助，而且珊瑚虫和其他生物也能够相互帮助。珊瑚虫也会从事农业生产。跟农夫不同的是，珊瑚虫不是在地上，而是在自己的身体里种植绿色植物。珊瑚虫很小，那珊瑚虫身体里的植物应该会更小吧？那种植物就是藻类植物。藻类植物像陆地上的植物一样，利用光合作用来制造养分，并把一些养分分给珊瑚虫。珊瑚虫得到养分的同时，也会保护藻类植物不受其他动物的伤害，而且珊瑚虫的排泄物也是藻类植物所需的肥料。像这样生物之间协同生活，彼此之间相互帮助，在地球上存活的时间反而更久。

如果森林里没有大灰狼

　　小朋友们有没有过这样的想法：如果那些凶猛的动物都消失了，世界一定会变得更加和平。虽然这对狮子、老虎、猎豹、狼和鲨鱼等动物不太公平，但是可怕的动物都消失了，其他的动物才能更安心地生活。

　　但是，事情真的会像小朋友想的这样吗？你们知道森林里为什么会有大灰狼吗？

　　在很久很久以前，森林里生活着鹿和大灰狼。大灰狼是以吃鹿为生的。鹿每天都提心吊胆地生活着，唯恐被大灰狼抓住，所以鹿感到很委屈。

　　"这真是太不公平了！为什么我们鹿总是要被可恶的大灰狼吃掉呢？"

　　鹿多么希望自己的敌人——大灰狼全部消失。如果

大灰狼全部消失了，那么鹿就可以高枕无忧地生活了。鹿多么希望有能杀死大灰狼的猎手出现啊。后来森林里真的出现了勇敢的猎手。猎手们打算把大灰狼全部杀掉。对鹿而言，这难道不是天大的好事吗？

猎手们只要发现大灰狼就立刻开枪打死它们。十年之后，森林里再也看不到大灰狼的影子了。

"那些猎手是多么威武啊！"

大家都感到很高兴，哪有比为森林带来和平更令人感到高兴的事情啊！

　　但是，森林真的变成鹿的天下了吗？

　　哪里的事！简直是异想天开！结果并不是我们想的那样。因为大灰狼的消失，鹿的数量猛增，然而却带来了一场灾难。因为鹿太多了，森林里的草都被吃光了。随着草的消失，鹿也慢慢饿死了。

　　悲剧还远远没有结束。因为鹿的数量增多了，森林里流行起了一种传染病。鹿一只只地倒下，再也爬不起来了。

啊，这真是太讽刺了。大灰狼消失后，鹿的生活也不再安逸。这正是生态系统的奥秘。

　　在自然界中生存的生物，都有各自的作用。草有草的作用，鹿有鹿的作用，大灰狼有大灰狼的作用。在这世界上不存在坏的生物。仔细想想，不管是真菌、细菌还是害虫，都是自然界的一分子。没有一种生物是不该存在的。

　　大灰狼消失后鹿的数量猛增。因为鹿的数量太多，森林里的草都被吃光了。随着草的消失，鹿也慢慢饿死了。

大灰狼被消灭后，鹿的生活反而变得越来越糟。

生态系统就是数百万种不同的生物互相协作、互相帮助才形成的。所有的生物都处在食物链中，一个接一个地吃或被吃，使生态系统变得更加和谐。

故事已经讲完了，但是……

　　大家刚刚读完故事，大概能很好地理解生态系统了吧。即使是这样，要是真想弄清楚生态系统是什么，还是会有点难度。生态系统可以说成是我们居住的自然界。但是自然界不是像画一样静止不动的，而是在植物、动物和许多微生物，还有土壤、空气和水的共同影响下不断变化着的。因为所有事物都是相互影响的，所以自然界中可以独自存活下去的生物根本就不存在。为什么呢？因为所有生物都要靠吃别的生物为生。植物会

108

成为动物的食物，动物会成为细菌和真菌的食物，细菌和真菌所分解的东西又成为植物的食物。这样看来谁更强呢？看起来兔子要比草强，狮子又比兔子强……但是在不停循环的生态系统中，它们同样都是扮演着吃与被吃的角色。

　　吃与被吃的事情接二连三地发生着，所以生态系统从来不会中断，只会不停地循环。直到现在，生态系统一直在循环着。生物多种多样的生存方式相互协调，使得地球的生态系统历经数亿年也仍然维持着循环。但是在此期间生命的延续并不是一帆风顺的，有时也遇到了很大的危机，甚至差点让整个生态链停止运转。冰雪覆盖大地，大陆合在一起又分开。因为这些事情彻底改变了地球的环境，所以对生物来说也是一个很大的考验。

其中最危险的时期共有五次。科学家把这种现象叫作物种大灭绝。但是那时候地球都是靠自己的力量恢复过来的。值得庆幸的是，即使在艰苦的环境下，也有一些生物坚强地活了下去，使生态系统得以运转。

故事已经讲完了，但是我不想说故事就此结束。因为我们所生活的大自然，无法用这本小小的书籍来概括。我希望小朋友们读完这本书后，能继续进行探究和思考，让我们共同来保护美丽的大自然吧。

图书在版编目（CIP）数据

生态系统到底是什么呢 / （韩）金成花，（韩）权秀珍著；千太阳译. -- 长春：吉林科学技术出版社，2020.1
（科学全知道系列）
ISBN 978-7-5578-5052-4

Ⅰ. ①生… Ⅱ. ①金… ②权… ③千… Ⅲ. ①生态系－青少年读物 Ⅳ. ①Q147-49

中国版本图书馆CIP数据核字（2018）第187474号

吉林省版权局著作合同登记号：
图字 07-2016-4707

生态系统到底是什么呢 SHENGTAI XITONG DAODI SHI SHENME NE

著	[韩]金成花　　[韩]权秀珍
绘	[韩]赵在益
译	千太阳
出 版 人	李 梁
责任编辑	潘竞翔　汪雪君
封面设计	长春美印图文设计有限公司
制 版	长春美印图文设计有限公司
幅面尺寸	167 mm × 235 mm
字 数	88千字
印 张	7
印 数	1-6 000册
版 次	2020年1月第1版
印 次	2020年1月第1次印刷

出 版	吉林科学技术出版社
发 行	吉林科学技术出版社
地 址	长春市净月区福祉大路5788号出版大厦A座
邮 编	130118
发行部电话 / 传真	0431-81629529　81629530　81629531
	81629532　81629533　81629534
储运部电话	0431-86059116
编辑部电话	0431-81629520
印 刷	长春新华印刷集团有限公司

书 号	ISBN 978-7-5578-5052-4
定 价	39.90元